DES

VERVEINES.

CULTURE PRATIQUE

DU MÊME AUTEUR :

Traité des Lantanas. Un joli volume in-32 colombier, avec gravures. Prix, broché : 1 fr. 25

Traité des Giroflées. Un joli volume in-32 colombier, avec gravures. Prix, broché, 1 fr. 25

Traité des Cinéraires. Un joli volume in-32 colombier, avec gravures. Prix, broché : 1 fr. 25

Paris. — Imprimerie horticole de E. Donnaud, rue Cassette, 9.

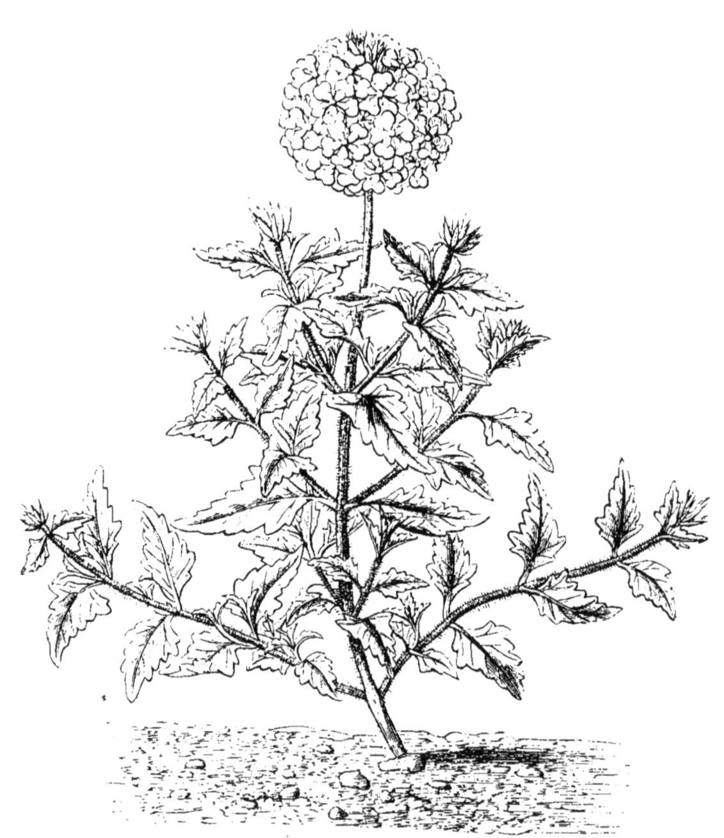

VERVEINE HYBRIDE.

VERBENA MAHONETI.

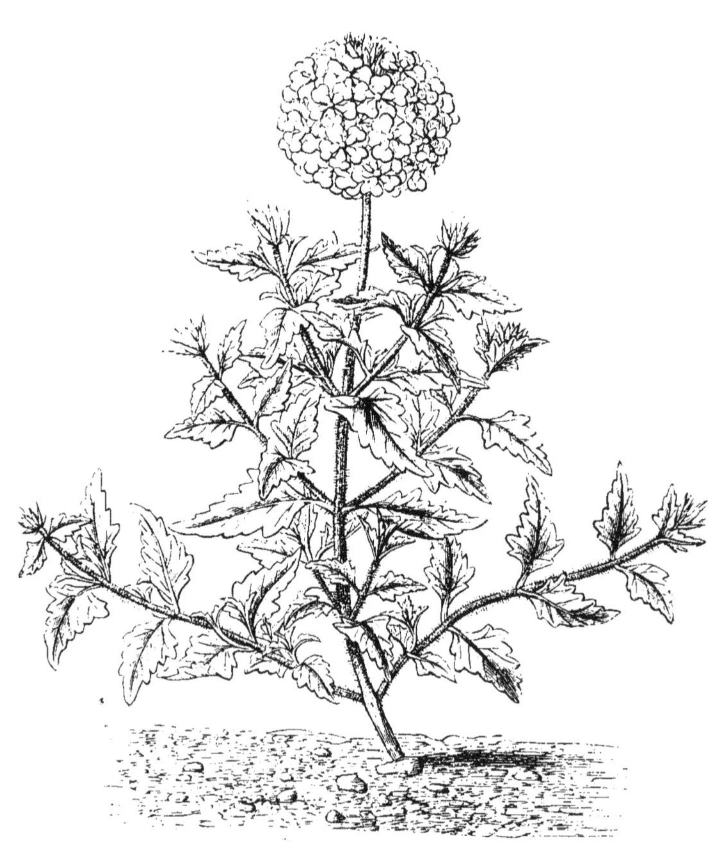

VERVEINE HYBRIDE.

DES

VERVEINES

CULTURE PRATIQUE

DESCRIPTION ET CHOIX DES PLUS BELLES VARIÉTÉS

PAR

E. CHATÉ FILS,

HORTICULTEUR

PARIS

LIBRAIRIE D'HORTICULTURE DE E. DONNAUD,

RUE CASSETTE, 9.

1865

un disque et à 4-8 loges, contenant chacune 1 ou 2 ovules. Fruit capsulaire ou charnu.

VERBENA, VERVEINE, du latin *Veneris vena*, veine de Vénus : de ce que la Verveine commune entrait dans la composition des philtres. — Herbes à tiges carrées ; feuilles opposées. Fleurs en épis allongés ou corymbiformes ; corolle à long tube cylindrique, à limbe oblique étalé et divisé en 5 lobes inégaux, presque bilabiés ; 4 ou 2 étamines ; capsule s'ouvrant en 4 coques.

CONSIDÉRATIONS GÉNÉRALES.

Les Verveines sont de charmantes plantes qui ont fourni depuis une quinzaine d'années de belles et nombreuses variétés à nos cultures de plein air pendant la belle saison.

Toutes ces variétés sont nées de six espèces botaniques, originaires des contrées septentrionales de l'*Amérique*.

Ces plantes au coloris vif et très-varié, toujours en fleurs, faciles à conserver et à multiplier, réunissent au plus haut degré tout ce qui peut plaire.

Malgré tant d'avantages plaidant en leur faveur, elles ont été rigoureusement éloignées par un grand nombre d'amateurs et de jardiniers. A la suite de diverses maladies, qui se sont propagées très-rapidement, plusieurs horticulteurs ont même abandonné une culture dont ils avaient fait leur spécialité.

Ayant toujours cultivé les Verveines et cherché les moyens à employer pour les préserver des maladies, ayant mis dans le commerce quelques variétés très-recommandables, je viens présenter aux amateurs et aux jardiniers un traité sommaire de leur culture dans lequel sont réunis tous les moyens pratiques qu'une longue expérience nous a montré efficaces ; ces moyens consistent à ramener les Verveines à leur rusticité première en démontrant les causes de leurs maladies. Leurs petites dimensions permettent de les cultiver dans les plus petits jardins, ce qui laisse espérer qu'on leur verra prendre la place bien méritée qu'elles ont occupée pendant longtemps, aussi bien dans les grandes propriétés que dans les jardins exigus.

Depuis deux ou trois ans il a été obtenu en Italie une quantité de variétés fort jolies, et offrant pour la plupart une disposition toute nouvelle des couleurs qui parent si bien leurs mignonnes fleurs.

Ces nouvelles Verveines, au lieu d'être unicolores, ou d'être relevées par un œil ou étoile d'une couleur distincte de celle de la corolle, sont bordées d'une couleur plus vive ou plus foncée ; elles sont striées et rubanées comme des Œillets de fantaisie.

L'introduction de ces nouvelles variétés a ranimé le goût des amateurs pour ces charmantes plantes. C'est une série nouvelle ajoutée à une collection si riche en nombreuses variétés, et parée des plus brillantes couleurs qui puissent orner la corolle des fleurs. Elles seront pour leurs possesseurs une source de jouissances nouvelles, et contribueront puissamment à l'embellissement des jardins.

On multiplie les Verveines de trois manières : de *semis*, de *boutures* et d'*éclats* ou *marcottages*.

SEMIS.

La propagation des Verveines par les semis n'est presque employée que pour obtenir de nouvelles variétés, ce qui dans ces dernières années est devenu très-difficile; d'habiles semeurs, s'occupant spécialement de ce beau genre, enrichissent chaque année les collections de nouvelles variétés dont une partie dépasse toujours en beauté celles qui les précédaient. Dès la première floraison ils récoltent les graines et ils obtiennent de leurs semis de nouvelles variétés encore plus belles ; il devient donc presque impossible de dépasser ces beaux résultats.

Il est aussi nécessaire de prévenir les amateurs qui voudraient faire des semis de Verveines que les plus belles variétés donnent fort peu de graines, quelques-unes même n'en donnent pas du tout.

Les semeurs cultivent en pots les variétés choisies comme porte-graines, afin de les forcer à donner plus de graines ; ce moyen est le plus sûr pour en obtenir sur les variétés les plus rebelles à en produire.

Il est cependant essentiel de renouveler par la voie des semis toutes les variétés amaigries et rendues délicates par des bouturages ou marcottages répétés pendant plusieurs années. Les plantes de semis sur lesquelles on prendra des marcottes ou des boutures, sont toujours des plantes plus vigoureuses et plus rustiques pour passer l'hiver que celles multipliées depuis longtemps par les deux autres procédés.

Pour porte-graines, on doit toujours choisir les variétés qui réunissent les caractères suivants : une inflorescence (grappe ou bouquet) large, en ombelle bombée, et un peu conique plutôt qu'aplatie ou déprimée, une fleur grande, étoffée, à limbe ouvert, d'un plan régulier et non chiffonnée. Quant à la couleur, toute nuance vive foncée ou remarquable est digne d'être choisie pour en récolter les graines.

Depuis quelques années les variétés à centre blanc sont les plus recherchées ainsi que celles à fleurs rubanées et striées appelées Verveines d'Italie.

Les graines doivent être récoltées à mesure que leurs enveloppes commencent à s'ouvrir ; c'est le meilleur signe d'une bonne maturité ; seulement il faut chaque jour les recueillir, sans quoi elles tomberaient d'elles-mêmes sur la terre ; il serait très-difficile de les ramasser, leur petite dimension, ainsi que leur couleur grisâtre qui est celle de la terre sèche, empêcheraient de les retrouver.

La germination si capricieuse des graines de Verveines a fait que pendant longtemps les semis étaient faits sans aucune certitude de réussite ; les semis les mieux soignés étaient souvent ceux qui levaient le moins, tandis qu'on voyait les semis faits en pleine terre, sans aucune précaution, réussir à merveille.

Il est même très-commun de voir des graines de Verveines germer naturellement après de grandes pluies depuis le printemps jusqu'à l'automne, dans les parties du jardin occupées les années précédentes par ces plantes, et cela après être restées en terre pendant deux et même trois ans.

Ces divers inconvénients, que de nombreuses expériences sont venus confirmer, m'ont conduit à chercher à obtenir de ces graines une plus nombreuse et plus régulière germination.

Après avoir remarqué que ces graines avaient un tégument sec et dur qu'il fallait amollir pour faciliter la germination, j'ai mis les graines de Verveines stratifier dans l'eau vingt-quatre heures avant de les semer, elles germèrent plus uniformément et plus promptement ; aussi le nombre de nos semis est-il toujours en proportion avec les graines semées depuis que nous employons la stratification.

Quelle que soit l'époque ou la place où

l'on sème, le terrain doit toujours être tenu dans un état d'humidité convenable, et ombragé jusqu'à l'époque où la plus grande partie des graines aura germé.

On peut semer les Verveines depuis le commencement de mars jusqu'en juin ; passé ce dernier mois, elles ne pourraient toutes fleurir avant les gelées. On sème soit en place, en pleine terre ou sur couche, soit en plein châssis, ou en pots ou en terrines.

Les semis faits en pleine terre pour fleurir à la même place produisent toujours des plantes plus vigoureuses que celles semées sur couche, et qu'il faut repiquer de même, puis transplanter plus tard en pleine terre.

Le lecteur a déjà compris que, dans ce dernier cas, les semis devant fleurir à l'endroit où ils sont faits, ils doivent être semés plus clair.

Je terminerai cet article en faisant remarquer que la reproduction par semis donne toujours un nombre considérable de variétés à couleurs blanchâtres, incapables d'être employées à la confection des corbeilles ou des massifs, attendu que l'admirable harmonie des couleurs que l'on obtient si facilement avec les sujets de boutures ne pourrait être obtenue par les semis.

MULTIPLICATION PAR BOUTURES.

La propagation des Verveines par boutures étant aujourd'hui le moyen le plus usité, je vais, sur ce point, appeler toute l'attention du lecteur ; cette opération étant la plus importante de la culture de ces plantes.

On fait des boutures de Verveines en toute saison, et cependant l'époque du bouturage a une grande influence sur la vigueur des plantes et sur leur floraison.

Pour la culture en pots, la meilleure époque est de la fin d'août au commencement de septembre; à cette époque les boutures peuvent être faites sous cloches ou sous châssis froid, empotées et placées de même. Elles passent l'hiver avec la plus grande facilité, et peuvent servir de pieds mères pour couper d'autres boutures au mois de mars suivant.

Toutes les boutures faites après le 10 septembre ont besoin d'être faites sur couche, grave inconvénient qui fait perdre aux plantes une portion de la rusticité dont elles ont tant besoin pendant l'hiver.

On multiplie aussi, pendant l'hiver, dans une serre à multiplication, les nouvelles variétés vendues par les semeurs, dont nous avons parlé. Les boutures provenant de cette multiplication excessive périssent l'une après l'autre pendant la belle saison, quel que soit l'endroit ou la terre où elles sont plantées.

On a brusquement abandonné cette culture sans s'être rendu compte des causes de cette mortalité que des expériences réitérées nous ont clairement démontrées.

Les boutures de Verveines ainsi faites s'étiolent en herbe ; la branche centrale, qui doit fournir les branches latérales, ressemble à un fil ; elle a à peine la force de se tenir droite ; les yeux destinés à fournir les branches secondaires sont très-distancés les uns des autres.

Il est facile de prévoir quelle végétation on peut espérer d'une plante ainsi amaigrie ; aussi n'est-il pas rare d'en voir mourir une grande quantité avant leur floraison.

On voit, par ce qui précède, que la multiplication des Verveines en serre chaude est la cause principale de leur mortalité.

Pour les plantes destinées à faire des massifs en pleine terre pendant la belle saison, les boutures faites à la fin de mars donnent toujours une plus belle floraison que celles faites précédemment.

Dans ce dernier cas, les boutures doivent être faites sur couche, en pots ou en terrines remplis de bonne terre sablonneuse mélangée à l'avance, ou encore en pleine terre placées légèrement à 15 centimètres de distance sur une couche de fumier composée de moitié fumier ayant déjà servi et moitié fumier neuf; la couche ainsi composée devra être montée à 60 centimètres d'épaisseur.

Les boutures doivent être placées le plus près possible de la lumière, à laquelle elles devront être exposées autant que le temps le permettra. Il faudra éviter de les laisser exposées aux rayons du soleil, il faudra les ombrer avec des paillassons, que le soir on retirera, à moins de fortes gelées.

En dix ou quinze jours, des boutures

ainsi faites, se sont enracinées ; on leur donne de l'air en augmentant graduellement à mesure qu'elles prennent tout leur développement.

Il est essentiel de pincer la tige centrale de ces boutures cinq à six jours avant de les mettre en pots ; dans le cas où l'on n'aurait pas eu le temps de le faire avant cette opération, il vaudrait mieux le faire quand les plantes seront reprises dans les pots ; mais il vaut toujours mieux l'avoir faite avant.

Quelle que soit l'époque où l'on veut faire des boutures, il est essentiel de choisir pour boutures les branches les plus tendres et les mieux conformées, leur longueur est entre 3 et 5 centimètres.

Les branches sortant du pied donnent toujours des boutures plus vigoureuses que les branches latérales. On détermine la production de bonnes branches à boutures en rabattant les pieds que l'on désire propager un mois avant l'époque du bouturage. Les boutures doivent être piquées en terre au ras des deux premières feuilles, lesquelles contiennent entre leurs aisselles les deux premières branches qui, en sortant, émettront les racines.

Des boutures ainsi faites forment des pieds aussi vigoureux que ceux obtenus par la voie du semis, et sont toujours plus florifères.

MARCOTTAGE OU ÉCLATS.

La propagation par éclats consiste à détacher du pied mère les branches ou pousses enracinées naturellement du côté qui touche le sol, ou qu'on fait enraciner en les enterrant.

Les pieds de Verveines obtenus par cette facile multiplication ne sont jamais aussi florifères ni aussi vigoureux que ceux obtenus par la voie du bouturage. Ils ont, en outre, l'inconvénient de produire des plantes poussant toujours d'un seul côté, et par conséquent très-mal faites ; aussi ce mode de propagation n'est-il jamais employé par les jardiniers.

Cependant on peut obtenir un excellent résultat en fichant au ras de terre les branches de Verveines et en les recouvrant d'un peu de terre.

Toutes ces branches légèrement enterrées s'enracineront facilement et détermineront la pousse de tous leurs yeux; en recouchant ces nouvelles pousses à mesure qu'elles prennent du développement on obtient un brillant tapis de fleurs et de verdure.

On parera aussi à l'éventualité des

morts que les maladies ou les insectes pourraient produire ; les branches enracinées, surveillées et dirigées avec attention garniront promptement les places vides.

EMPOTAGE.

Les boutures de Verveines, lorsqu'elles ont pris racine, doivent être pincées au deuxième rang de feuilles cinq ou six jours avant de les mettre en pots. Ce pincement a pour but de refouler la séve afin de provoquer le développement des branches latérales, comme je l'ai déjà indiqué.

Les boutures ainsi préparées doivent être mises en pots, si c'est avant l'hiver, dans de petits pots dits *godets* de 6 à 8 centimètres de diamètre et placées, selon l'époque, soit sur une couche pour reprendre plus facilement, soit sous châssis froid, si les boutures ont été faites avant le 15 septembre : ce qui est toujours préférable.

La terre qui convient le mieux à ces plantes est un mélange fait à l'avance dans les proportions suivantes :

30 parties de bon terreau de couche bien consommé, 30 parties de terre de bruyère et 40 parties de terre du sol, le tout doit être remué à plusieurs reprises, afin que le mélange soit bien fait.

Pour les plantes destinées à fleurir en pots, on fera bien d'augmenter la partie de bruyère.

Plus on augmentera la quantité de cette terre, plus les coloris des fleurs seront vifs et tranchés.

Les coloris blancs ou fond blanc sont ceux auxquels la terre de bruyère donne le plus de vivacité et d'éclat.

SOINS A DONNER PENDANT L'HIVER.

A mesure que les plantes sont empotées, on les rentre sous châssis placés le plus possible en pente, de manière que les eaux puissent s'écouler facilement. On peut aussi les placer en serre froide ou en orangerie, toujours près des vitres, et aussi près de l'air extérieur avec lequel il faudra les mettre le plus souvent possible en contact. On couvre ces châssis de paillassons pendant deux ou trois jours, s'il fait grand soleil, afin de faciliter leur reprise dans les pots.

Aussitôt que les plantes sont reprises dans leurs pots, il faut, chaque jour, leur donner beaucoup d'air, et même les y mettre entièrement si le temps le permet.

On met les paillassons sur les châssis par des froids de 3 à 4 degrés centigrades.

Comme on le voit, les Verveines, pendant l'hiver, supportent facilement la gelée. L'humidité les fait périr très-promptement, surtout celle produite par la fonte des neiges ; il est essentiel de ne jamais les laisser fondre sur les châssis qui les couvrent, sans quoi on s'exposerait à en voir périr une grande quantité ; surtout si les châssis sont restés couverts de neige pendant plusieurs jours, comme cela arrive dans les grands hivers.

Quand on arrive au mois de février, il faut les éplucher et donner un peu d'eau aux plantes trop sèches ; on donne chaque jour grand air aux châssis.

Les Verveines destinées à fleurir dans les pots doivent être rempotées dès la fin du mois de mars ; la grandeur des pots varie selon la force des plantes et aussi selon que l'on mettra un seul ou plusieurs pieds pour faire de plus grosses potées. La taille des pots est toujours entre 12 et 15 centimètres.

DE LA MISE EN PLEINE TERRE.

Les Verveines destinées à garnir les corbeilles, les massifs ou les plates-bandes, doivent être mises en pleine terre depuis la fin d'avril jusqu'au commencement de mai ; on les plante à 60 centimètres de distance les unes des autres, on couche au ras de terre les branches des plantes, si l'on désire qu'elles forment un tapis. On couvre ensuite le sol d'un paillis ou fumier à moitié consommé, afin de maintenir la terre fraîche, sans avoir besoin de donner beaucoup d'eau à la fois. Ces plantes préfèrent les bassinages répétés chaque soir; les grands arrosements sont assez souvent la cause de la mortalité de quelques plantes dont les petites racines ou chevelu sont noyées. A mesure que les Verveines fichées au ras de terre auront garni l'espace laissé entre elles, on pincera les branches qui ont donné leurs fleurs, on provoquera ainsi l'émission de nouvelles branches qui fleuriront abondamment. On parviendra ainsi à former un tapis continu, couvert jusqu'aux gelées d'un nombre immense de fleurs aux nuances les plus vives et les plus variées.

Les Verveines sont également des

plantes sans rivales pour former des bordures autour d'autres plantes.

Elles viennent dans presque tous les terrains; cependant les terres légères et bien cultivées sont celles qui leur conviennent le mieux.

MALADIES DES VERVEINES.

Les deux maladies les plus à craindre pour les Verveines sont la Grise et le Blanc ; nous laissons aux savants le soin de trouver une dénomination plus scientifique à ces deux maladies, trop connues des jardiniers.

La Grise est à redouter pendant l'été. Des bassinages faits chaque soir empêchent presque toujours l'envahissement des plantes par cette maladie. Cependant le voisinage des chemins et des allées pleines de poussière peut également être la cause de son développement. En bassinant ces chemins et ces allées chaque soir en même temps que les plantes, on les en préservera. Les plantes qui en sont atteintes se couvrent d'une matière grise qui les empêche de pousser, et les fait même périr.

Le Blanc est une maladie qui couvre les plantes d'une matière blanche très-redoutable aux Verveines, assez semblable à l'oïdium de la Vigne et du Rosier. Elle se propage rapidement sur les Verveines et cause souvent la mort d'une grand nombre, quand les moyens suivants ne sont pas employés dès le premier développement du mal.

A l'aide d'un soufrage donné à temps, on arrête l'extension de cette maladie; après le premier soufrage, il est essentiel d'éplucher les plantes et de leur retirer toutes les feuilles atteintes. Un deuxième soufrage effectué après cette opération en débarrasse entièrement les plantes.

C'est particulièrement lorsque les plantes sont trop serrées et placées loin de la lumière, ou encore lorsqu'on n'aura pu leur donner souvent de l'air pendant l'hiver, que le Blanc prend son développement.

DES INSECTES NUISIBLES.

L'insecte le plus redoutable aux Verveines est le Puceron; ces insectes se propagent si rapidement qu'ils font souvent mourir les plantes qu'ils ont envahies. Dès leur apparition, on devra les détruire par des fumigations de tabac, on peut aussi les bassiner avec de l'eau dans laquelle on aura fait bouillir du tabac; ce dernier moyen est très-efficace quand les Verveines son plantées en plein air.

C'est principalement au mois de mars, surtout quand on laisse les plantes avoir soif ou qu'on ne leur donne pas assez d'air, que les Pucerons sont à redouter.

Dans nos cultures, nous ne voyons jamais d'autres insectes sur les Verveines. Quelques Chenilles grises en coupent souvent pendant l'été; avec les bassinages donnés chaque soir on les évite presque totalement.

DES ESPÈCES BOTANIQUES.

Les variétés de Verveines cultivées aujourd'hui dans les jardins sous le nom de Verveines hybrides, sont issues des espèces suivantes :

1. *Verbena Chamœdrifolia* Juss. (*V. melissioides*), et sa variété rouge *Melindres* Gill.; ces Verveines sont à feuilles de Mélisse.

2. *Verbena Teucrioides* Gill., à fleurs odorantes.

3. *Verbena incisa*, à feuilles incisées.

4. *Phlogiflora* Cham., floraison très-abondante.

5. *Verbena Aubletia* L., Verveine à bouquet.

6. *Verbena Pulcherrima* Hort. Vilm., éclatante.

7. *Verbena pulchella* Sweet, délicate.

Ces sept espèces botaniques ont été fécondées entre elles à plusieurs reprises, et notamment dans ces dernières années, en Italie, par MM. Rovellis frères, et Cavagnini, qui en ont obtenu des variétés à fleurs striées et rubanées de la plus grande beauté.

Les caractères botaniques de toutes ces belles variétés sont aujourd'hui impossibles à retrouver. Nos belles variétés françaises et anglaises paraissent plus particulièrement tenir de la Verveine Teucrioïde.

Une huitième espèce d'un port tout particulier ne ressemblant aux autres que par la forme de ses petites fleurs, est la *Verbena Mahonetti*, fleurs d'un rose purpurin à lobes alternativement marqués de raies blanches disposées en étoile.

Par son port rampant, sa rapide et vigoureuse croissance, sa rusticité, l'abondance et la durée de ses jolies petites fleurs, l'élégance de son petit feuillage découpé, cette Verveine est précieuse pour former des bordures en tapis fleuris pour la garniture des talus, des glacis, des collines et aussi pour la décoration des plates-bandes. Ses nombreuses petites branches, très-ramifiées, courent en tout sens sur le sol, et s'enracinent à mesure qu'elles s'étendent, ce qui simule un véritable gazon fleuri capable de soutenir les terres, et même de les fixer.

L'espèce type produit assez facilement des graines, de sorte qu'on l'a d'abord cultivée comme plante annuelle que l'on semait au printemps.

Les deux premières variétés obtenues de cette espèce sont toujours les plus belles, leurs nombreuses fleurs rubanées et étoilées de blanc sont d'un magnifique effet ; elles sont : la première à fond violet et la seconde à fond rose carmin, rayées de blanc et disposées en étoile. Aussi sont-elles aujourd'hui presque universellement connues par tous les jardiniers, qui en font de fort jolis tapis, et aussi de très-belles potées. Ces variétés et celles obtenues depuis donnent rarement des graines; aussi les multiplie-t-on partout de boutures qui reprennent très-facilement, soit à l'automne avec des branches enracinées d'elles-mêmes, soit au printemps avec des rameaux coupés sur des pieds faits à l'automne précédent.

M. Laloy, horticulteur à Louhans (Saône-et-Loire), a mis au commerce dans ces dernières années plusieurs variétés provenant des semis faits sur la Verveine

Mahonetti. Les deux plus belles à ajouter aux deux premières sont : 1° La *Mahoneti* (*Mia Gentilla*), fond blanc, centre lilas foncé ;

2° *Mahonetti Verschaffeltii*, fond violet, large étoile blanche au centre.

CHOIX DES PLUS BELLES VARIÉTÉS A FLEURS STRIÉES ET RUBANÉES, APPELÉES VERVEINES D'ITALIE.

1. — **Anonciata Dallera**, fleurs fond blanc, striées et bigarrées rouge cinabre, à grand effet.

2. — **Comto Bernadine Lecchi**, fond blanc rayé et strié violet foncé.

3. — **Canonica Siboni**, lilas clair panaché violet foncé, fleur bien faite.

4. — **Comtessa Carolina Caprioli**, fond blanc strié et rubané amarante vif, fleurs très-grandes.

5. — **Comtessa Maddalena Lecchi**, fond blanc cendré strié violet foncé, légèrement bigarré rose clair.

6. — **Comtessa Faustina Lecchi**, fond rose purpurin strié écarlate.

7. — **Doniana**, fond blanc strié de violet et bigarré rose, fleurs bien faites.

8. — **Fabia**, fond blanc strié bleu clair.

9. — **Filippo Parlatore**, fond blanc strié carmin, fleurs grandes et bien faites.

10. — **Giuseppe Garibaldi**, grosses ombelles parfaites de forme, fond blanc strié et bariolé lilas et rose.

11. — **Ludovica Palazzi**, fond lilas panaché et strié amarante.

12. — **Emilio Santarelli**, fond lilas strié violet.

13. — **Napoleone Rossi**, fond violet clair à centre blanc strié rouge cerise.

14. — **Poetessa del Deserto** , fond blanc strié et bigarré carmin amarante.

15. — **Regina del Bello**, fond violet strié blanc.

16. — **Sorpressa degli amatori**, fond blanc azuré strié et rubané violet clair.

17. — **Savonarola**, fond blanc strié et rubané rouge écarlate, à grand effet.

18. — **Ventura Fenaroli**, fond blanc pur strié amarante clair.

19. — **Tricolor Cavagnini,** fond blanc cendré strié et rubané rouge amarante.

CHOIX DES PLUS BELLES VARIÉTÉS DE VERVEINES FRANÇAISES ET ANGLAISES.

20. — **Azurea grandiflora** (Chaté), grandes ombelles couleur violette de Parme à bonne odeur et très-vigoureuse.

21. **Adophe Weick** (Chaté), fleurs très-grandes rose carmin à centre blanc, très-vigoureuse.

22. — **Auguste Ferrier** (Chaté), fleurs moyennes rose orange, centre vermillon ou jaune.

23. — **Auriculé** (Bruant), fleurs bien faites d'un riche violet velouté, large centre blanc.

24. — **Comtesse de Larochefoucauld Liancourt** (Chaté), grandes ombelles à fond mousseline, centre violet, très-vigoureuse.

25. — **Docteur Andry** (Chaté), fortes ombelles bien faites, cramoisi foncé, centre blanc.

26. — **Emile Loise** (Chaté), fond bleu pensée liséré blanc, perfection de forme.

27. — **Fox Henter** (W. Bull), variété anglaise la plus belle de toutes les variétés à fleurs rouges connues, fleur énorme et parfaite, d'un riche rouge ponceau écarlate brillant, plante très-vigoureuse.

28. — **Gloire de Saint-Mandé** (Chaté), fleurs bien faites rose orange brillant, œil jaune.

29. — **Grande Boule de Neige** (Boucharlat), la plus belle variété à fleurs blanches.

30. — **Léopoldine Chaté** (Chaté), fond blanc pur, centre violet, très-belle forme.

31. — **M. L'huillier** (Nardy frères), ombelles fortes et parfaites rouge cramoisi, plante vigoureuse.

32. — **Mme Rendatler** (Chaté). Cette variété est issue de la Verveine Reine des Amazones Dufoy qu'elle surpasse en beauté; c'est actuellemement la plus belle variété à fond blanc.

33. — **Mistress Woodrooff** (Robinson), rouge feu à grand effet, très-vigoureuse.

34. — **La Saumonée** (Chaté), saumoné vif centre plus foncé, ombelles bien faites, très-vigoureuse.

35. — **Mme Lierval** (Chaté), fond rose de chine, centre plus foncé ; plante rustique.

36. — **Mme Chaté** (Chaté), bleu à large centre blanc, variété très-florifère.

37. — **Mme Legendre** (Chaté), fond rose chair, moitié de la fleur vermillon; œil blanc ; variété très-florifère extra belle mais délicate.

38. — **Mme Vilmorin** (Chaté), grosses ombelles à forme plate, fond blanc crème, large centre rose vif (issue de la variété appelée Reine des Verveines).

39. — **M. Pellé** (Chaté), belles ombelles de fleurs chocolat à reflet lilas, centre blanc.

40. — **M. Bégouen** (Chaté), grandes ombelles violet clair, centre un peu plus foncé.

41. — **Mme Jourdier** (Marie), fond blanc rubané de rouge, variété très-constante.

42. — **Mme L'huillier** (Chaté), fleurs moyennes très-abondantes, rose carmin liséré blanc.

43. — **Notre-Dame de France** (Hoste), fleurs extraordinairement grandes, rose cerise, à cinq grandes macules blanches couvrant 1/3 des fleurs, plante très-vigoureuse et unique.

44. — **Richard Lenoir** (Chaté), fleurs

moyennes rouge cramoisi vif, centre blanc, variété très-vigoureuse.

45. — **Striata Perfecta** (Dufoy), fleurs bien faites blanc pur avec des bandes bien régulières couleur lilas, en forme de croix de Malte, variété très-constante,

46. — **Surprise des Amateurs** (Chaté). fleurs bien faites, nankin foncé à large centre blanc; coloris nouveau.

47. — **Triomphe des Massifs** (Chaté), gros, ses ombelles de fleurs bien faites-bleu indigo, large centre blanc; cette Verveine est la Reine de toutes les variétés à fleurs bleues parues jusqu'ici.

48. — **Triomphe de Saint-Mandé** (Chaté), ombelle de fleurs bien faites violet foncé, œil blanc, très-vigoureuse.

49. — **Surpasse Reine des Violettes** (Chaté), fleurs bien faites bleu clair, œil blanc, très-vigoureuse.

50. — **White Lady** (variété anglaise), blanc pur, très-vigoureuse.

TABLE DES MATIÈRES.

Paris. — Imprimerie horticole de E. Donnaud, rue Cassette, 9.

16

www.ingramcontent.com/pod-product-compliance
Ingram Content Group UK Ltd.
Pitfield, Milton Keynes, MK11 3LW, UK
UKHW020954180726
13838UKWH00003B/1318

9 782329 430829